小缆话安全系列

电力电缆井下作业
安全画册

DIANLI DIANLAN JINGXIA ZUOYE
ANQUAN HUACE

郝春生　主编

中国电力出版社
CHINA ELECTRIC POWER PRESS

内 容 提 要

电力电缆井下作业是典型的有限空间作业，具有特殊性和危险性，因此电力电缆井下作业安全管理工作意义重大。为帮助电缆运检人员学习掌握《国家电网公司电力安全工作规程》，规范电缆井下作业的安全流程、技术标准、安全用具使用和急救方法，特编写本书，以漫画的形式生动讲解电力电缆井下作业的安全注意事项。

本书主要包括四章内容。第一章主要介绍井下作业全过程安全注意事项，从准备工作到下井，从井下作业到出井恢复，全面介绍安全注意事项。第二章主要介绍井下作业相关安全用具、仪器及其使用方法，包括气体检测仪、防毒面具，压缩式自救器和空气呼吸器。第三章主要介绍井下作业危急情况应对策略，包括浊气伤害急救、火灾急救、创伤急救和触电急救。第四章主要介绍电力电缆井下作业“十不干”。

本书可作为电力电缆运检人员安全作业培训教材，也可供电力电缆建设等相关专业技术人员和管理人员参考。

图书在版编目（CIP）数据

电力电缆井下作业安全画册 / 郝春生主编 .—北京：中国电力出版社，2019.6
ISBN 978-7-5198-3171-4

Ⅰ.①电… Ⅱ.①郝… Ⅲ.①电力电缆－井下作业－安全培训－教材 Ⅳ.①TM247 ②TE358

中国版本图书馆 CIP 数据核字（2018）第 099468 号

出版发行：中国电力出版社
地　　址：北京市东城区北京站西街 19 号（邮政编码 100005）
网　　址：http://www.cepp.sgcc.com.cn
责任编辑：马淑范　（010-63412397）
责任校对：黄　蓓　王海南
装帧设计：王英磊
责任印制：杨晓东

印　　刷：北京博图彩色印刷有限公司
版　　次：2019 年 6 月第一版
印　　次：2019 年 6 月北京第一次印刷
开　　本：880 毫米 ×1230 毫米　48 开本
印　　张：1.75
字　　数：40 千字
印　　数：0001—3000 册
定　　价：30.00 元

前言
Preface

近年来，电力电缆专业高速发展，在电力电缆安全生产中，井下作业安全是重中之重。为引导电缆专业人员牢固树立“安全第一、预防为主、综合治理”的理念，帮助电力电缆专业人员掌握井下作业的安全工作规范、相关技术标准、安全器具使用方法以及现场急救方法，我们组织专业人员编写了本书。

本书包括电缆井、沟（隧）道内作业、安全器具使用方法、井下作业急救方法和井下作业十不干四部分。从电力电缆专业安全生产实际出发，结合作业规范和技术标准，采用漫画的形式对井下作业的安全注意事项进行了详细的解读，对保障安全的工器具使用方法进行了生动的阐释，对井下作业急救方法进行了细致的描述，并对电力电缆井下作业

“十不干”进行了全面的解释，希望能对电力电缆专业安全起到有益的作用。

限于作者水平，加之时间仓促，难免有不当之处，敬请广大读者批评指正。

编　者

目录
Contents

第一章

那些井下作业的流程你都清楚吗？

在狭小封闭的井下作业时，如何才能保证安全呢？准备工作、现场防护措施、井盖开启、井内作业的安全措施、消防安全等，这些下井作业的方方面面，你都了解吗？

电缆井、沟（隧）道内作业安全注意事项

(1) 进入运行电缆井、沟（隧）道内作业前，应提前编审施工方案、办理工作票，接受运行单位安全技术交底，开展内部安全技术交底，填写一书两卡，组织三级安全教育培训。

(2) 开启电缆井、沟（隧）道井盖时应使用专用工具，以免滑脱后伤人或掉落井内损伤运行电缆，开启后的井盖应与井口保持安全距离，不得竖立。禁止只打开一只井盖（单眼井除外）。

(3) 开启后的电缆井应按电力安全工作规程的要求，落实防护栏、锥筒、警示牌、警示灯等安全措施，专职安全员现场监护，佩戴专用标识，作业人员应正确佩戴安全帽，穿纯棉长袖工作服。

(4) 进入电缆井、沟（隧）道作业前，必须先用鼓风机进行通风，经 10 ~ 15 min 的通风后，确认（可用气体检测仪检测）有无易燃易爆及有毒有害气体，并做好记录后，方可进入电缆井、沟（隧）道内作业，必要情况时应佩戴防毒面具。如遇地下煤气管道距离较近或交叉情况，在电缆井内作业时间超过 1 h 的，中途应进行一次检测，看有无煤气泄漏。

(5) 井内有积水时，不准进入井内作业。应用水泵先排除积水，排水时人员不得进入电缆井内用

器具往井外淘水。排除积水、清除杂物后，方可进入电缆井内作业。

(6) 作业人员进入电缆井、沟（隧）道前，应戴好安全帽，不准将易燃、易爆品带入电缆井；上、下电缆井必须使用梯子，严禁蹬踩电缆或支架、托板。

(7) 在电缆井内作业，严禁采取抛掷方式递送材料、工具。井内作业严禁吸烟。作业时如觉头晕、呼吸困难等情况应立即离开电缆井，再进行通风等处理。在电缆井壁上凿、掏管口、进线口，须戴防护眼睛。

(8) 电缆井内作业时，井内井外人员应互相照应，专职安全员应随时关注井下人员的情况，不得随意离开。

(9) 电缆井内作业时，严禁使用喷灯。电焊作业时，应提前办理动火作业票，并有效落实消防措施。电缆井、沟（隧）道内作业时，通风设备应保持常开，以保证空气流通。发现电缆井内气体中毒者，不得盲目下井施救，应立即报警，等候救援。

(10) 作业完毕后，应检查井内有无遗留工具、材料及杂物后，再盖好电缆井盖，最后撤除安全防护措施。

准备工作

① 编制施工方案，方案报审批。

没有措施免谈管理，没有计划如何工作

②办理工作票、接受运行单位安全技术交底，核实电缆井、沟（隧）道内原有线缆绝缘情况。

安全方案定仔细，事故祸端自然去

③ 开展内部安全技术交底，组织三级安全教育培训，应急演练培训。

安全作业两交底，安全预控搞彻底

现场防护措施

① 落实围挡板、临时遮栏、锥筒、安全警示牌、夜间警示灯、施工提示牌等安全防护用具及措施。

磨刀不误砍柴工，措施做完再开工

② 专职安全员全程进行现场监护，佩戴袖标。

一人把关一处安，众人把关稳如山

③ 作业人员正确佩戴安全帽，穿纯棉长袖工作服。

秤砣不大压千斤，安全帽小救人命

井盖开启

① 开启井盖必须使用专用工具。

开井盖，隐患大，专用工具不能落

② 开启后的井盖应与井口保持安全距离，并放置平稳。

井盖开启要留意，避免误伤莫大意

③ 除单孔井外，电缆井内作业时，禁止只打开一只井盖。

单孔井，长通风，多孔井，多开井

通风气体检测

① 人员下井作业前，应先用吹风机排除浊气。

人员要进电缆井，通风测氧方可行

② 用气体检测仪对井内气体进行检测，确认无易燃易爆和有毒有害气体后，方可下井作业。

下井之前要检验，专业仪器保安全

积水杂物清除

① 清除井内积水应使用水泵，排水时人员不得下井进行任何作业。

井内积水很危险，抽除积水不冒险

② 清除杂物时，严禁磕碰电力电缆。

运行设备细查看，确保安全防隐患

人员上下及材料传递

① 人员上下电缆井必须顺爬梯上下，严禁蹬踩电缆或支架、托板。

下隧道，脚踩实，手抓牢，掌握地形很重要

② 供人员上下的梯子严禁擅自搬离。

上下通道保畅通，梯子不能擅自动

③ 严禁采取抛掷方式递送材料、工具。

禁抛掷，反违章、除隐患、防受伤

井内作业安全措施

① 专职安全员应时刻关注井下人员的情况，作业人员之间应相互照应。

手拉手共建安全网，心连心同传平安符。

② 通风设备应常开,以保证空气流通。

井下工作常通风,保持畅通空气好

③ 在电缆井壁上凿、掏管口或进线口时，须戴护目眼镜。

戴好防护镜，保护好眼睛

④ 地下煤气管道距电缆井较近（1m以内），或在电缆井内相交的情况下，在井内作业时应使用便携式气体检测仪进行不间断的检测。

麻痹大意事故来，时时警惕安全在

消防安全

① 动火作业前应办理动火工作票，并做好消防安全措施，落实监护人。

电缆着火会蔓延，干活细致可避免

② 严禁将易燃、易爆品带入电缆井，严禁在井内使用汽油喷灯，严禁在井内吸烟。

小烟头勿小看，随便吸烟酿祸患

应急措施

①施工现场应备有急救药箱、安全绳等应急物资。

有备无患，平安常伴。

②作业时如觉头晕、呼吸困难等情况应戴好呼吸器并立即撤离。

身在井下不忘妻小，搞好安全非常重要

③ 发生作业人员晕倒等异常情况时，不得盲目下井施救，应立即报警，施救人员应使用专用装备救援。

有人晕倒莫慌张，切莫盲目去救伤

收工现场恢复

①施工完毕，应检查井内确无遗留工具、材料及杂物，再组织人员撤离。

多看看、细想想、无违章、防隐患

② 盖好电缆井盖，拆除安全防护措施，恢复现场。

开工前切记通风测氧，收工时莫忘恢复现场

电缆井、沟(隧)道内作业安全检查表

检查项目	检查内容要求	检查情况
一、准备工作	1. 编制施工方案,方案审批	
	2. 办理工作票,运行单位向施工单位进行安全技术交底	
	3. 填写一书两卡,开展内部安全技术交底,组织三级安全教育培训	
二、现场防护措施	1. 落实安全警示带、安全警示墩、安全警示牌、夜间警示灯等安全防护措施	
	2. 专职安全员全程进行现场监护,佩戴专用标识	
	3. 作业人员正确佩戴安全帽,穿工作服	
三、井盖开启	1. 开启井盖必须使用专用工具	
	2. 开启后的井盖应与井口保持安全距离,并放置平稳	
	3. 除单孔井外,电缆井内作业时,禁止只打开一只井盖	
四、通风、气体检测	1. 人员下井作业前,应先用吹风机排除浊气	
	2. 用气体检测仪对井内气体进行检测,确认无易燃易爆和有毒有害气体后,方可下井作业	
五、积水杂物清除	1. 清除井内积水应使用水泵,排水时人员不得下井进行其他作业	
	2. 清除杂物时,严禁磕碰电力电缆	

温馨提示:“下井作业要做好安全检查哦!”

续表

检查项目	检查内容要求	检查情况
六、人员上下及材料传递	1. 人员上下电缆井必须顺爬梯上下，严禁蹬踩电缆或支架、托板	
	2. 供人员上下的梯子严禁擅自搬离	
	3. 严禁采取抛掷方式递送材料、工具	
七、井内作业安全措施	1. 专职安全员应时刻关注井下人员的情况，作业人员之间应相互照应	
	2. 通风设备应常开，以保证空气流通	
	3. 在电缆井壁上凿、掏管口或进线口时，须戴护目眼镜	
	4. 地下煤气管道距电缆井较近（1m以内）、或在电缆井内相交的情况下，在井内作业时应使用便携式气体检测仪进行不间断的检测	
八、消防安全	1. 动火作业前应办理动火工作票，并做好消防安全措施，落实监护人	
	2. 严禁将易燃、易爆品带入电缆井	
	3. 严禁在井内使用汽油喷灯	
	4. 严禁在井内吸烟	
九、应急措施	1. 施工现场应备有急救药箱、安全绳等应急物资	
	2. 作业时如觉头晕、呼吸困难等情况应立即撤离	
	3. 发现作业人员晕倒等异常情况，不得盲目下井施救，应立即报警，施救人员应使用专用装备救援	
十、工后现场恢复	1. 施工完毕，应检查井内确无遗留工具、材料及杂物，再组织人员撤离	
	2. 盖好电缆井盖，拆除安全防护措施，恢复现场	

第二章

那些保障井下生命安全的装备你了解多少呢?

作业时，保障作业人员人身安全的方法除了各种安全措施和注意事项，还有各种安全防护用具。复合气体测量仪、防毒面具、压缩氧自救器、空气呼吸器，这些保障生命安全的装备你了解多少呢？接下来，小缆的同事们利用图文并茂的使用步骤，朗朗上口的操作顺口溜，详细展现这些安全防护用具，手把手教授如何使用。

复合气体测量仪使用说明

① 下井工作先通风，气体合格很重要。

② 打开仪器先观察，LCD 同时显示 H_2S、CO、O_2 以及可燃气体的浓度。

③ 使用掉物绳将仪器传递至距井底约 0.5 米处，无闪烁、震动、警鸣声方可下井工作。

④ 井下作业时将复合气体测量仪挂于腰际，听到警报声或腰部感觉到震动，立即逃离现场。

复合气体测量仪使用口诀

下井工作先通风，

有毒缺氧可不行。

先观察，再测量，

距底半米检测好。

井下仪器挂腰身，

如有提示赶快逃。

电缆井、沟（隧）道作业气体检测记录表

<table>
<tr><td>编号</td><td colspan="3"></td><td colspan="2">作业单位</td><td colspan="2"></td></tr>
<tr><td>主要危险因素</td><td colspan="7"></td></tr>
<tr><td>作业内容</td><td colspan="7"></td></tr>
<tr><td>作业人员</td><td colspan="5"></td><td>监护人员</td><td></td></tr>
<tr><td rowspan="3">气体检测记录 1</td><td>检测项目</td><td>氧含量</td><td>可燃气体</td><td>一氧化碳</td><td>硫化氢</td><td>检测人员</td><td></td></tr>
<tr><td rowspan="2">检测结果</td><td rowspan="2"></td><td rowspan="2"></td><td rowspan="2"></td><td rowspan="2"></td><td>检测时间</td><td></td></tr>
<tr><td>检测地点</td><td></td></tr>
<tr><td rowspan="3">气体检测记录 2</td><td>检测项目</td><td>氧含量</td><td>可燃气体</td><td>一氧化碳</td><td>硫化氢</td><td>检测人员</td><td></td></tr>
<tr><td rowspan="2">检测结果</td><td rowspan="2"></td><td rowspan="2"></td><td rowspan="2"></td><td rowspan="2"></td><td>检测时间</td><td></td></tr>
<tr><td>检测地点</td><td></td></tr>
<tr><td rowspan="3">气体检测记录 3</td><td>检测项目</td><td>氧含量</td><td>可燃气体</td><td>一氧化碳</td><td>硫化氢</td><td>检测人员</td><td></td></tr>
<tr><td rowspan="2">检测结果</td><td rowspan="2"></td><td rowspan="2"></td><td rowspan="2"></td><td rowspan="2"></td><td>检测时间</td><td></td></tr>
<tr><td>检测地点</td><td></td></tr>
<tr><td rowspan="3">气体检测记录 4</td><td>检测项目</td><td>氧含量</td><td>可燃气体</td><td>一氧化碳</td><td>硫化氢</td><td>检测人员</td><td></td></tr>
<tr><td rowspan="2">检测结果</td><td rowspan="2"></td><td rowspan="2"></td><td rowspan="2"></td><td rowspan="2"></td><td>检测时间</td><td></td></tr>
<tr><td>检测地点</td><td></td></tr>
</table>

温馨提示：“气体检测要及时做好记录哦！”

复合气体测量仪使用流程图

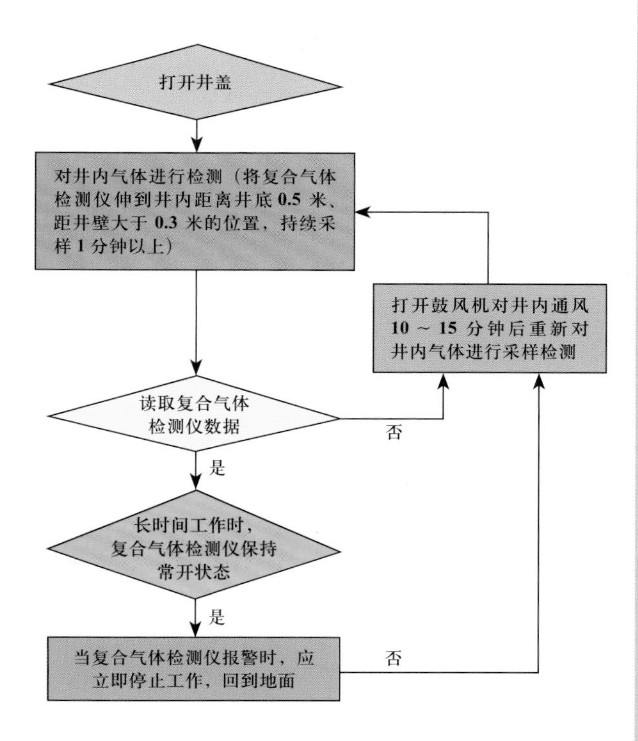

温馨提示：“一定要掌握复合气体测量仪的使用流程规范哦！”

防毒面具使用说明

① 将过滤棉安装在防毒面具两个呼吸口处。

② 解开头带底部搭扣，将面具罩住口鼻。

③ 拉起上端头带，将头箍罩于头顶位置，以感觉舒适为佳。

④ 双手在颈后将头带底部搭扣扣住。

⑤ 调整头带松紧，使面具与脸部密合良好。

防毒面具使用口诀

防毒面具要用好，正确佩戴少不了。

虑棉安装气口处，对称两个不能少。

掩盖口鼻先做到，头带框套拉头顶。

双手下拉扣颈后，顺序项目不能少。

风干面具细检查，连接阀口密封好。

置于洁净易拿地，便于下次再使用。

清洗面具有禁忌，有机溶液不能用。

防毒面具的使用流程图

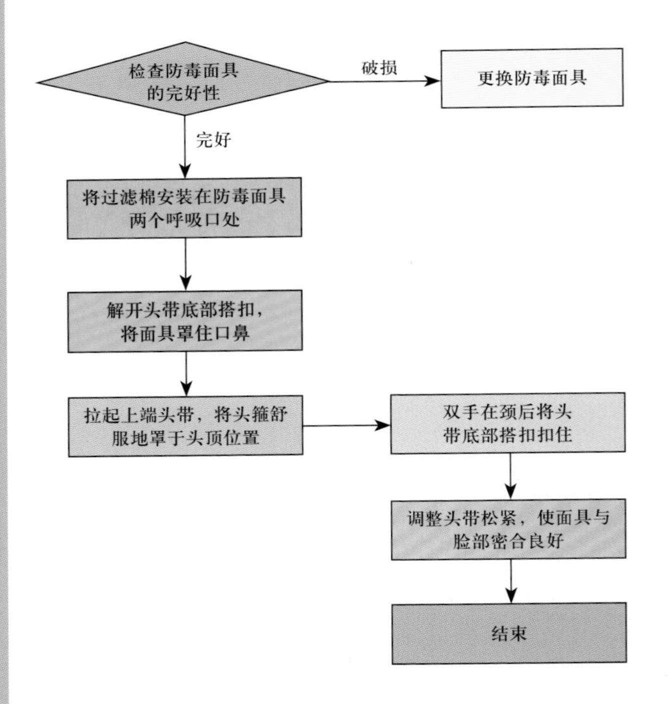

温馨提示：“一定要掌握防毒面具的使用流程规范哦！”

压缩氧自救器使用说明

① 携带自救器下井前，观察氧气瓶压力表的指示值不得低于**20MPa**。检查自救器氢氧化钙吸收剂是否在有效期之内。将佩戴在人体身上的自救器移至身体的正前方。

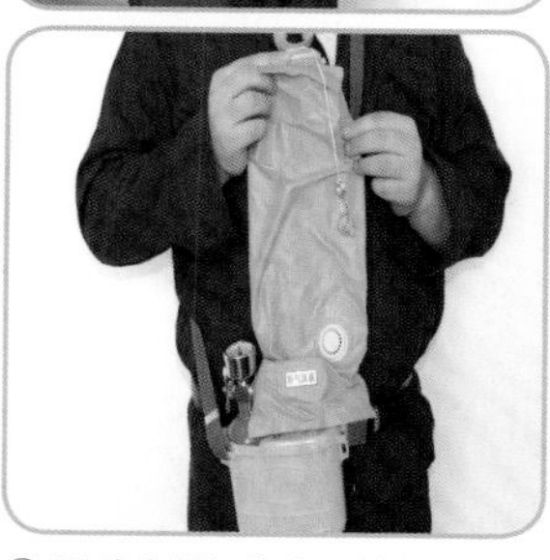

② 双手分别捏住上盖锁扣迅速取下上盖。 展开气囊。注意气囊不能扭折。

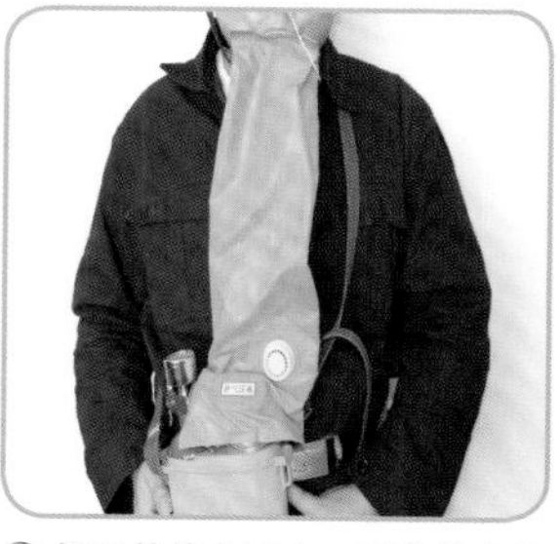

③ 把口具放入口中，口具片应放在唇和下齿之间。牙齿紧紧咬住嚼块，紧闭嘴唇，使之具有可靠的气密性。

④ 逆时针旋动氧气瓶开关旋钮，打开氧气瓶开关（必须完全打开），然后用手指按动补气压板，使气囊迅速鼓起。把鼻夹弹簧掰开，将鼻夹准确地夹住鼻孔，用嘴呼吸。

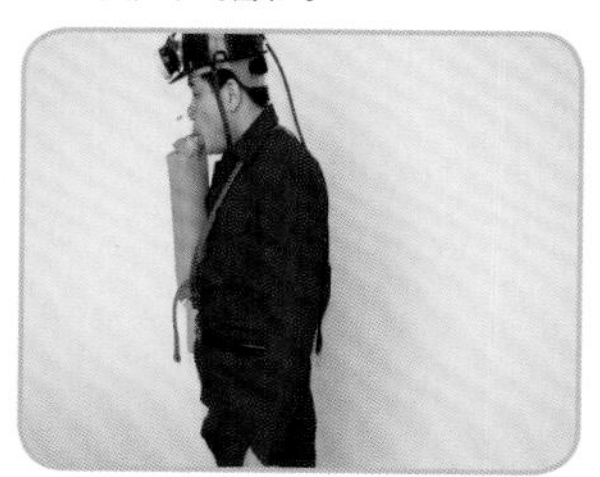

⑤ 自救器佩戴完毕后选择最短逃生路线，迅速逃离灾区。

压缩氧自救器使用口诀

1. 使用前的准备

使用之前先观察，压力不得 20 下。

检查其中吸收剂，是否还在有效期。

2. 携带

背带斜跨系腰间，放于右侧最方便。

3. 使用方法

使用移至正前方，捏住锁扣去上盖。

取下上盖即丢弃，展开气囊不扭折。

口具防御唇齿间，紧咬嚼块闭紧嘴。

压缩氧自救器使用流程图

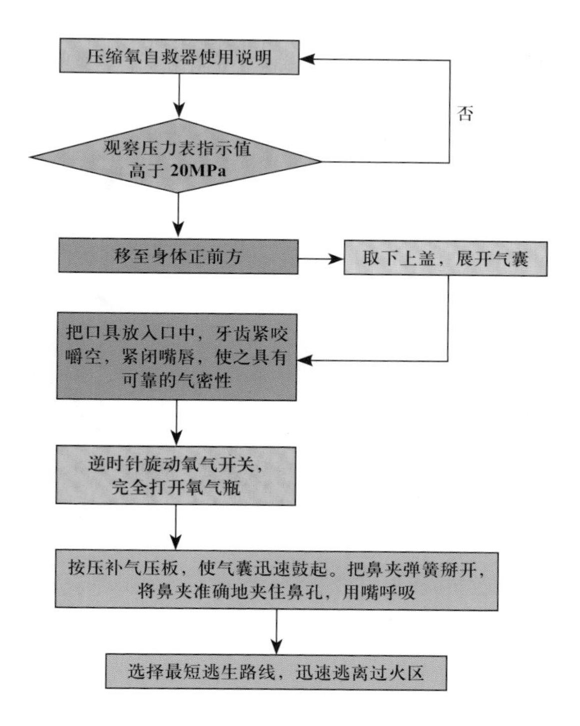

温馨提示：“一定要掌握压缩氧自救器的使用流程规范哦！”

空气呼吸器使用说明

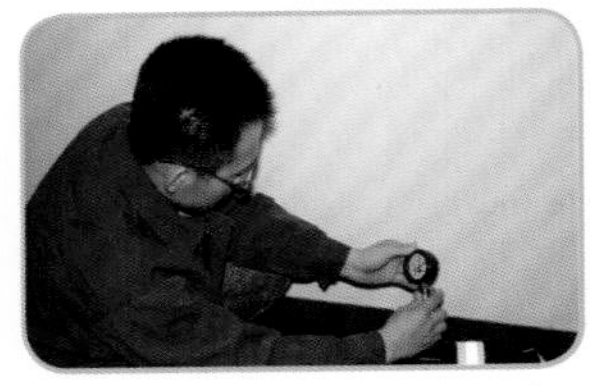

① 先进行气压检查：打开瓶阀，压力表显示 27 ~ 30MPa；打开和关闭瓶阀时，在 1 分钟内压力下降要小于 2MPa。

② 进行鸣警检查：关闭供气阀，打开瓶阀，使管路系统充满气体，在关闭瓶阀。按下供气阀上 ON 按钮，缓慢释放管路气体，当压力表显示 5.5MPa 左右时，报警哨响起。

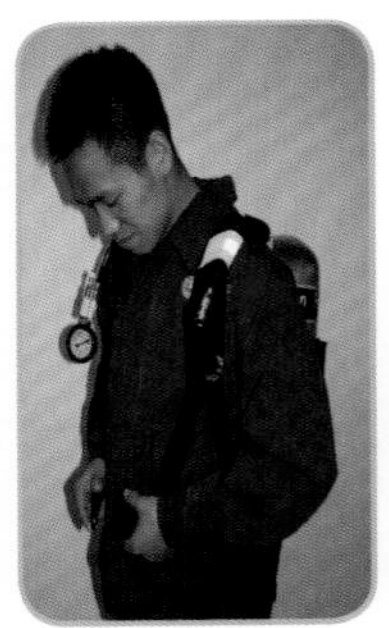

③ 背上整套装置，扣上腰带，打开气瓶阀一圈以上。

④ 面罩与脸部完全贴合后收紧头带。

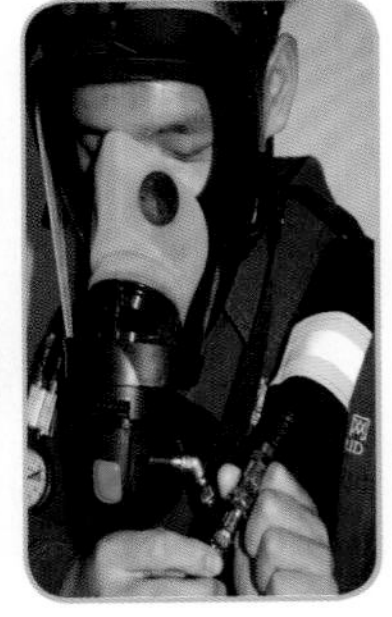

⑤ 将供气阀推进面罩供气口。

⑥ 当报警哨响起时马上撤离有毒工作环境。

空气呼吸器使用口诀

使用前期先测压，开瓶 30 闭降 2。
关供气阀开瓶阀，充满气体缓放它。
压表显示 5.5，警报响起就是它。
背上装备扣腰带，拧开一圈气瓶阀。
收紧头带密合严，供气阀开呼吸畅。
报警若响莫慌张，有序撤离记心上。

空气呼吸器使用流程图

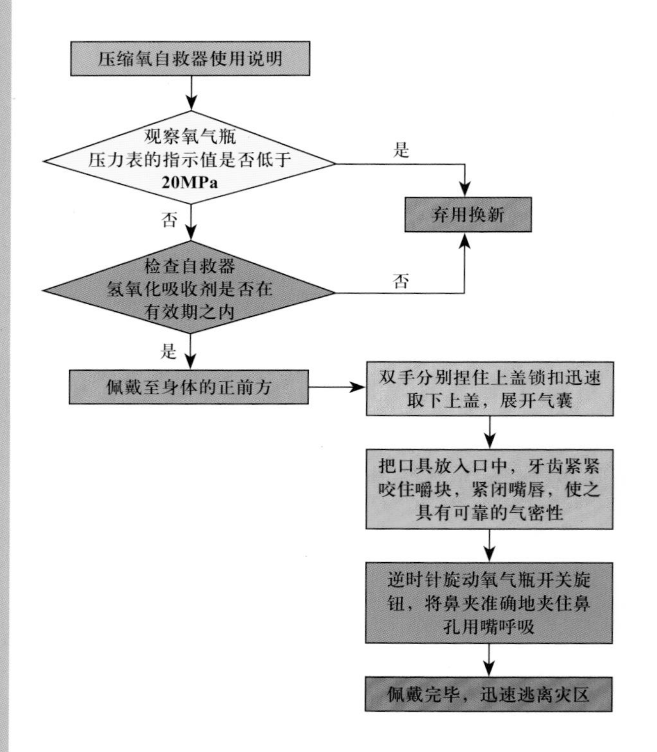

温馨提示：“一定要掌握空气呼吸器的使用流程规范哦！”

第三章

在井下出现紧急情况时你知道如何应对吗?

井下作业环境莫测多变，遇到浊气伤害、火灾、创伤、触电等危急情况我们应该如何应对？心肺复苏法急救时，人工呼吸的正确方法你了解多少呢？本章将详细介绍井下作业遇到各种可能的危险时的急救措施。

浊气伤害的急救

① 当井下工作人员感到流泪、眼痛、呛咳、咽部干燥等症状，应立即停止工作，戴好自救呼吸器沿最短路径返回地面之上，撤退时应有秩序，切莫惊慌乱跑。

② 当井上人员发现井下有人受到浊气伤害时，切莫盲目下井去救助。救援人员进入危险区应戴好空气呼吸器，并戴上急救设备前往救援。

③ 发现伤者时力争抢救时间，应立即为其佩戴好空气呼吸器，并在最短时间内把其送回地面上，移动伤员时注意避免对其造成二次伤害（如创伤）。

④ 将伤者转移到通风良好处。对已昏迷伤员应保持气道畅通，并给予氧气吸入。对呼吸心跳停止者，按心肺复苏法抢救，并联系医院救治。

⑤ 现场不具备抢救条件时，应及时拨打急救电话求救，并及时向井下输送新鲜空气。迅速查明有害气体的名称，供医生及早对症治疗。

火灾急救

① **疏散撤离：**将可能受火灾威胁人员疏散撤离（捂住口鼻，升井逃离现场）。

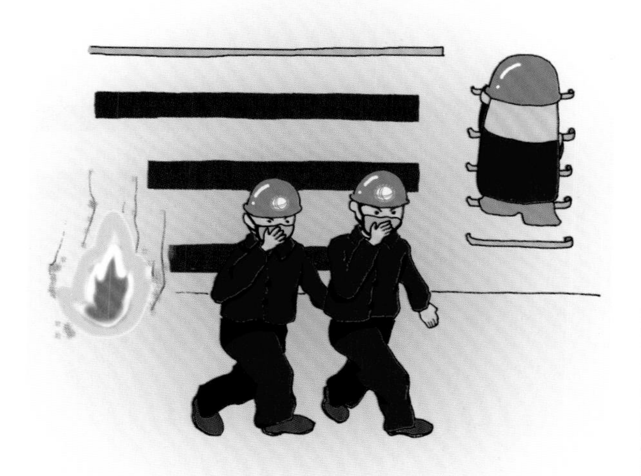

② 控制火势：利用灭火器控制火势（拿灭火器灭火）。

③ **求助“119”**：小缆拨打火警“119”，请求支援“×× 路口向东 100 米发生火灾”。

④ **报告上级：**小缆向上级汇报（打手机）现场情况“××线路发生火灾”。

井下创伤急救

① **止血：**发现伤者身体部位出血时，保持伤者身体自然放松，受伤部位用干净的手帕或毛巾按压止血。

② **包扎：**将伤者的受伤部位用干净的毛巾清洁处理后，在伤口近心端用纱布和绷带进行包扎，包扎力度应适当防止受伤部位缺血坏死。

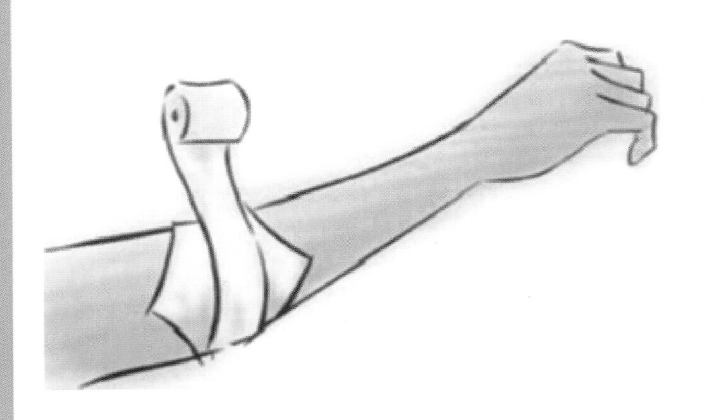

③ **固定：**发现伤者有骨折现象时，应就地采用坚硬的木棒、竹片等进行固定，力度应适中，以防出现关节错位。

④ 搬运：为使抢救更为有效，应设法将伤者从电缆井下吊至地面上后，及时转移送医。

井下悬吊方法：吊绳系在伤者的双臂之下，两肋之上，从电缆井下缓慢提拉至地面。对不宜进行移动、伤势比较严重的伤者，可由营救人员通过吊绳背扶至地面。

触电急救

① 迅速脱离电源。

在井下发生触电事故，切不可惊慌失措，束手无策。要在保证自身安全的同时，立即使伤员脱离电源，减少损伤程度，同时拨打急救电话“120”。

② 现场简单诊断。

在解脱电源后，用简单有效的方法尽快对心跳、呼吸与瞳孔的情况作出判断，以确定伤员是否假死。

③ 用心肺复苏法进行救治。

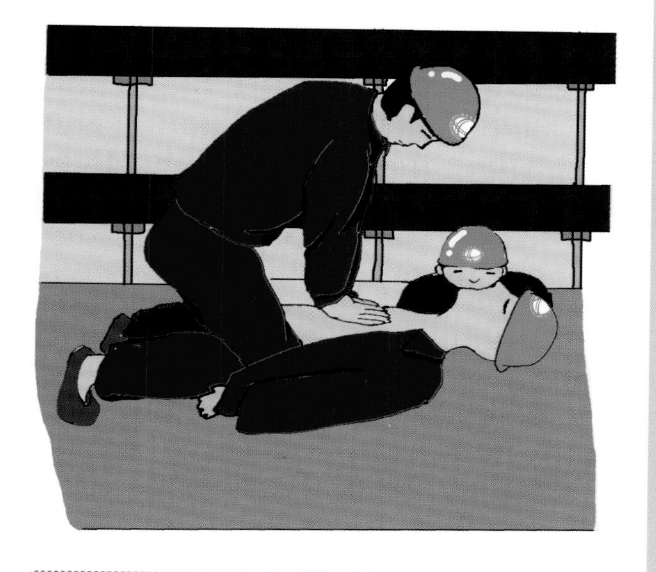

触电伤员呼吸和心跳均停止时，应立即按心肺复苏法进行就地抢救。基本步骤:

通畅气道→口对口（鼻）人工呼吸→胸外按压（人工循环）。

第四章

电力电缆作业“十不干”

无票无卡咱不干

释义： 电缆隧道、线路、杆塔、开关柜、箱式变电站等相关场所的工作，正确填用工作票、操作票是保证安全的基本组织措施。无票作业容易造成安全责任不明确，保证安全的技术措施不完善，组织措施不落实等问题，进而造成管理失控发生事故。倒闸操作应有调控值班人员、运维负责人正式发布指令，并使用经事先审核合格的操作票；在电气设备上工作，应填用工作票或事故紧急抢修单，并严格履行签发许可等手续，不同的工作内容应填写对应的工作票；动火工作必须按要求办理动火工作票，并严格履行签发、许可等手续。

现场不清咱不干

释义：电缆隧道、线路、杆塔、开关柜、箱式变电站等相关场所的工作，做到工作任务明确、作业危险点清楚，是保证作业安全的前提。工作任务、危险点不清楚，会造成不能正确履行安全职责、盲目作业、风险控制不足等问题。倒闸操作前，操作人员（包括监护人）应了解操作目的和操作顺序，对操作指令有疑问时，应向发令人询问清楚无误后执行。持工作票工作前，工作负责人、专责监护人必须清楚工作内容、监护范围、人员分工、带电部位、安全措施和技术措施，清楚危险点及安全防范措施，并对工作班成员进行告知交底。工作班成员工作前要认真听取工作负责人、专责监护人交代任务，熟悉工作内容、工作流程，掌握安全措施，明确工作中的危险点，履行确认手续后方可开始工作。检修、抢修、试验等工作开始前，工作负责人应向全体作业人员详细交代安全注意事项，交代邻近带电部位，指明工作过程中的带电情况，做好安全措施。

危险未控咱不干

释义：采取全面有效的危险点控制措施，是现场作业安全的根本保障，分析出的危险点及预控措施也是“两票”“三措”等的关键内容。在工作前向全体作业人员告知，能有效防范可预见性的安全风险。运维人员应根据工作任务、设备状况及电网运行方式，分析倒闸操作过程中的危险点并制定防控措施，操作过程中应再次确认落实到位。工作负责人在工作许可手续完成后，组织作业人员统一进入作业现场，进行危险点及安全防范措施告知，全体作业人员签字确认。全体人员在作业过程中，应熟知各方面存在的危险因素，随时检查危险点控制措施是否完备、是否符合现场实际。危险点控制措施未落实到位或完备性遭到破坏的，要立即停止作业，按规定补充完善后再恢复作业。

超出范围咱不干

释义：在作业范围内工作，是保障人员、设备安全的基本要求。擅自扩大工作范围、增加或变更工作任务，将使作业人员脱离原有安全措施保护范围，极易引发人身触电等安全事故。增加工作任务时，如不涉及停电范围及安全措施的变化，现有条件可以保证作业安全，经工作票签发人和工作许可人同意后，可以使用原工作票，但应在工作票上注明增加的工作项目，并告知作业人员。如果增加工作任务时涉及变更或增设安全措施时，应先办理工作票终结手续，然后重新办理新的工作票，履行签发、许可手续后，方可工作。

没有接地咱不干

释义：电缆隧道、线路、杆塔、开关柜、箱式变电站等相关场所的工作，接地能够有效防范检修设备或线路突然来电等情况。未在接地保护范围内作业，如果检修设备突然来电或邻近高压带电设备存在感应电，容易造成人身触电事故。检修设备停电后，作业人员必须在接地保护范围内工作。禁止作业人员擅自移动或拆除接地线。高压回路上的工作，必须要拆除全部或一部分接地线后才能进行工作的，应征得运维人员的许可（根据调控人员指令装设的接地线，应征得调控人员的许可），方可进行，工作完毕后立即恢复。

“安措”不全咱不干

释义：悬挂标示牌和装设遮栏（围栏）是保证安全的技术措施之一。标示牌具有警示、提醒作用，不悬挂标示牌或悬挂错误，存在误拉合设备，误登、误碰带电设备的风险。围栏具有阻隔、截断的作用，如未在工作地点四周装设至出入口的围栏、未在带电设备四周装设全封闭围栏或围栏装设错误，存在误入带电间隔，误碰带电设备的风险。

“安具”不行咱不干

释义：安全工器具能够有效防止触电、灼伤、坠落、摔跌等，保障工作人员人身安全。合格的安全工器具是保障现场作业安全的必备条件，使用前应认真检查无缺陷，确认试验合格并在试验期内，拒绝使用不合格的安全工器具。

防坠没做咱不干

释义：高空坠落是高处作业最大的安全风险，防高处坠落措施能有效保证高处作业人员人身安全。高处作业均应先搭设脚手架、使用高空作业车、升降平台或采取其他防止坠落措施，方可进行。在没有脚手架或者在没有栏杆的脚手架上工作，高度超过 1.5m 时，应使用安全带,或采取其他可靠的安全措施。在高处作业过程中，要随时检查安全带是否拴牢。高处作业人员在转移作业地点过程中，不得失去安全保护。

气体没检咱不干

释义：有限空间进出口狭小，自然通风不良，易造成有毒有害、易燃易爆物质聚集或含氧量不足，在未进行气体检测或检测不合格的情况下贸然进入，可能造成作业人员中毒、有限空间燃爆事故。电缆井、电缆隧道、深度超过 2m 的基坑、沟（槽）内等工作环境比较复杂，同时又是一个相对密闭的空间，容易聚集易燃易爆及有毒气体。在上述空间内作业，为避免中毒及氧气不足，应排除浊气，经气体检测合格后方可工作。

没有监护咱不干

释义：工作监护是安全组织措施的最基本要求，工作负责人是执行工作任务的组织指挥者和安全负责人，工作负责人、专责监护人应始终在现场认真监护，及时纠正不安全行为。作业过程中工作负责人、专责监护人应始终在工作现场认真监护。专责监护人临时离开时，应通知被监护人员停止工作或离开工作现场，专责监护人必须长时间离开工作现场时，应变更专责监护人。工作期间工作负责人若因故暂时离开工作现场时，应指定能胜任的人员临时代替，并告知工作班成员。工作负责人必须长时间离开工作现场时，应变更工作负责人，并告知全体作业人员及工作许可人。